海洋怪物小百科
科普馆

捕猎者大冒险

FIERCE WATER CREATURES

考尔 著
朵朵 译

SCIENCE MUSEUM
ENCYCLOPEDIA OF SEA MONSTERS

南方出版传媒
广东经济出版社
·广州·

图书在版编目（CIP）数据

捕猎者大冒险 /（英）盖里・麦考尔著；糖朵朵译 . — 广州：广东经济出版社，2020.3
ISBN 978-7-5454-7194-6

Ⅰ. ①捕… Ⅱ. ①盖… ②糖… Ⅲ. ①海洋生物—儿童读物 Ⅳ. ①Q178.53-49

中国版本图书馆 CIP 数据核字（2020）第 026507 号

版权登记号：19-2019-215

责任编辑：张晶晶　陈　晔　刘梦瑶
责任技编：陆俊帆
责任校对：陈运苗
封面设计：朱晓艳
特约插画：陈　羽

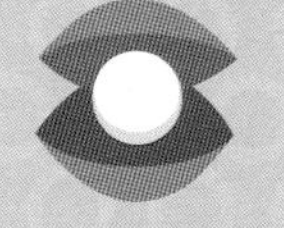

捕猎者大冒险
BULIEZHE DAMAOXIAN

出版人	李　鹏
出　版 发　行	广东经济出版社（广州市环市东路水荫路 11 号 11 ～ 12 楼）
经　销	全国新华书店
印　刷	北京佳明伟业印务有限公司 （北京市通州区宋庄镇小堡村委会西北 500 米）
开　本	889 毫米 ×1194 毫米　1/16
印　张	2
字　数	4 千字
版　次	2020 年 3 月第 1 版
印　次	2020 年 3 月第 1 次
书　号	ISBN 978-7-5454-7194-6
定　价	40.00 元

广东经济出版社官方网址：http://www.gebook.com 微博：http://e.weibo.com/gebook
图书营销中心地址：广州市环市东路水荫路 11 号 11 楼
电话：（020）87393830　邮政编码：510075
如发现印装质量问题，影响阅读，请与承印厂联系调换。
广东经济出版社常年法律顾问：胡志海律师

目录
Contents

鳄雀鳝（淡水） 2
盒水母 4
蝰鱼 6
电鳗 8
狗鱼（淡水） 10
海蛇 12
虎鱼 14
海鳝 16
水虎鱼（淡水） 18
梭鱼 20
电鳐 22
黄貂鱼 24
旗鱼 26

大陆的世界

地球上有七大洲——北美洲、南美洲、欧洲、非洲、亚洲、大洋洲和南极洲。在这本书里，每讲到一种动物，都会用蓝色显示它们居住的地方，其余地方则用绿色显示。个别淡水物种会在名称后做标注。

这里有一份《海底报告》，它汇集了书中 13 种海洋动物的资料。有了这份报告，孩子们可以轻松建立海洋知识框架，家长们可以随时来一场亲子互动问答！

扫描二维码，即可免费领取《海底报告》一份！

二维码里面还藏着小惊喜，等着你们来开启哦！

鳄雀鳝（淡水）

鳄雀鳝的鼻孔跟喉咙是相通的，这样它才能在水面上呼吸。

鳄雀鳝身上的鱼鳞是钻石形状的，鱼鳞组成了坚固的盔甲，当它遇到敌人时可以得到很好的保护。

鳄雀鳝的吻部特别长，长着一排排像针一样尖的牙齿，这些牙齿可以把猎物的肉撕碎。

鳄雀鳝能够长到1.7米。

鳄雀鳝的尾巴顶端长着尾鳍，尾鳍可以让它在进攻的时候更有力量。

鳄雀鳝并非鳄类而属于鳝鱼类，因其身上有鳞甲且长得像鳄，故而得名。它经常会在那些浑浊的水面下方，等着鸭子或者其他动物游过。它那身绿色外衣让它在模糊不清的河里或者湖里几乎不可能被发现。

尺寸

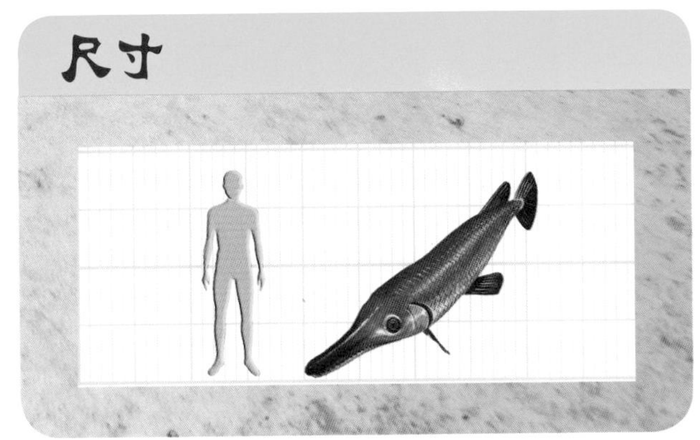

1 鳄雀鳝静候在水下，只有鳍的顶端会动一动。这时，它发现了一只小小的短吻鳄。鳄雀鳝猛地一摆尾巴，突然间就抓住了那只短吻鳄。

你知道吗？

对于鸟类、哺乳动物，还有我们人类来说，鳄雀鳝的蛋是有毒的，但对于鱼类来说却没有。当鳄雀鳝从水面跃起的时候，水会从它的鱼鳔里挤出来，发出巨大的“咕噜咕噜”声。

2 鳄雀鳝那两排像刀片一样锋利的牙齿，很轻松地就把短吻鳄坚硬的皮给撕开了。那只短吻鳄被打晕了，还流着血，根本没有机会反抗或者逃跑。鳄雀鳝把受了伤的猎物转了个方向，这样它就能从头到尾吞下那美味了。

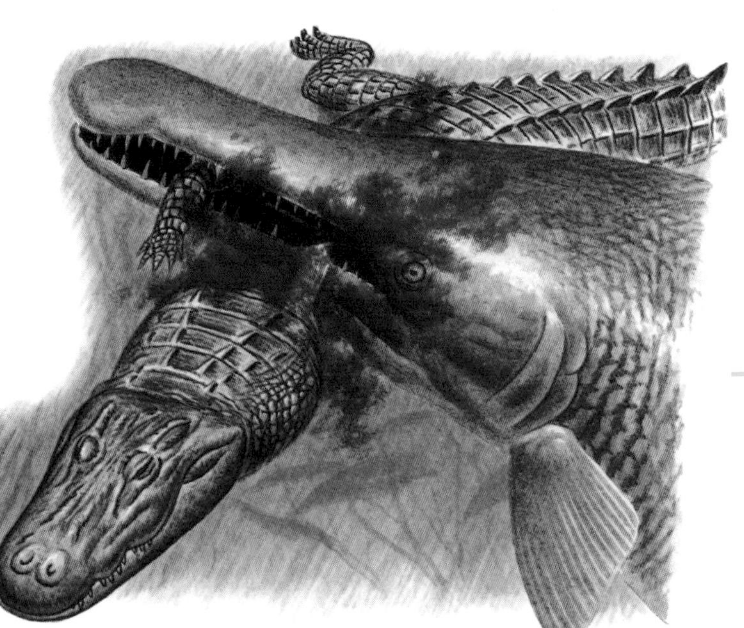

它们在哪儿？

鳄雀鳝住在从墨西哥到美国佛罗里达州的墨西哥湾，还有密西西比河流域。它们喜欢大河、大湖，还有沼泽等淡水环境。

盒水母

在盒水母这个圆圆的身体里有4个小小的黑点，每一个黑点里都有6个特别细小、几乎看不见的眼睛。这些眼睛能让它同时看见所有的方向。

盒水母用它的触须来抓住那些被它用毒液麻痹的猎物，然后，吃掉！

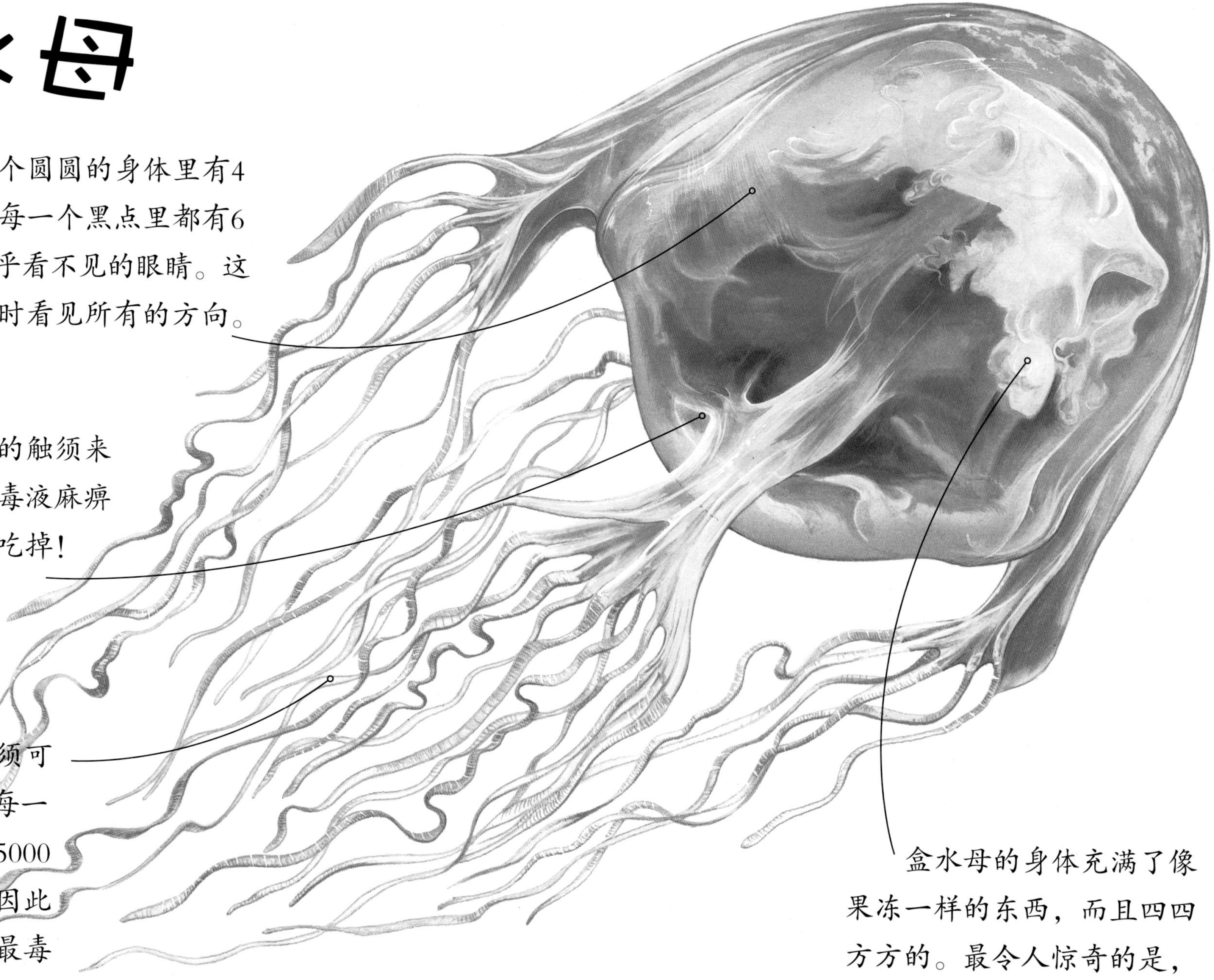

盒水母的触须可以达到3米长。每一条触须都有多达5000根的有毒刺针！因此它被列为世界上最毒的水母。

盒水母的身体充满了像果冻一样的东西，而且四四方方的。最令人惊奇的是，它有4个独立的大脑。

盒水母不像其他的水母随着潮水四处漂动，它的方向是追随猎物。它那有毒的触须和可以自己移动的能力，都让它变得更加危险，不管是对鱼儿，还是对人类。

1 有一个人正在靠近海岸的地方蹚水游戏，一只透明的盒水母慢慢地游向了他。

2 盒水母的触须缠住了那个人的腿，他使劲地想把盒水母甩掉，但是那些黏黏的东西让触须牢牢地附着在那个人的皮肤上。

3 然后，一些针一样的线射进了那个人的皮肤。那些线把毒液送进了那个人的血液，而那些血液是直接流向心脏的。

尺寸

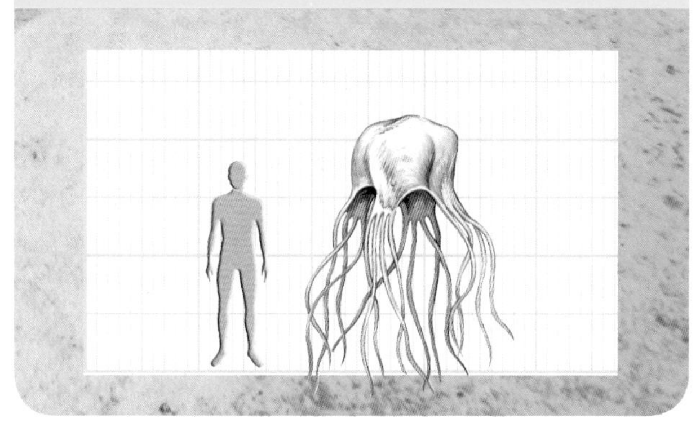

你知道吗？

有一些盒水母的触须可以长到180码（也就是165米）那么长，而且它那个圆圆的身体可以有一个人的头那么大。

盒水母会把那些没有完全消化的食物从它的身体送到触须，食物在触须上被吸收。

它们在哪儿？

在美国夏威夷海域和大西洋沿岸，还有墨西哥湾，盒水母会对游泳者造成威胁。而最危险的那一个种类，住在东南亚和澳大利亚北部的沿岸水域。

在蝰鱼第一个长长的背鳍的顶端，有一个灯，那个灯是用来吸引猎物的。

蝰鱼有很多大尖牙，它们向里弯着。这些牙实在太大了，它的嘴巴根本装不下。

蝰鱼的下颚可以张得特别大，这样它就能大口地吞下那些大个头的猎物。

蝰鱼的身体上分布着许多发光器，主要用于交配时发信号，并不起引诱猎物的作用。

在海洋的最深处，蝰鱼算得上是一个聪明的猎手。它用一种微弱但又非常鲜艳的光把猎物骗进自己的嘴里。

1 在海底深处，蝰鱼一动不动，就像死了一样，它轻轻地摇晃着靠近嘴巴的发光诱饵。它的身体太黑了，所以其他的鱼儿只看得见它的诱饵，其余什么都看不见。

2 一条好奇的鱼儿看见了那动来动去的光，于是游了过来，想看看到底是什么。“嘿，美味来了！”蝰鱼心想。然后，它把诱饵往嘴巴旁边靠近，鱼儿也跟着光往嘴边来了。

3 蝰鱼把下颚张得大大的，鱼儿游进了嘴巴，啊，一下就被蝰鱼的牙齿咬穿了。

尺寸

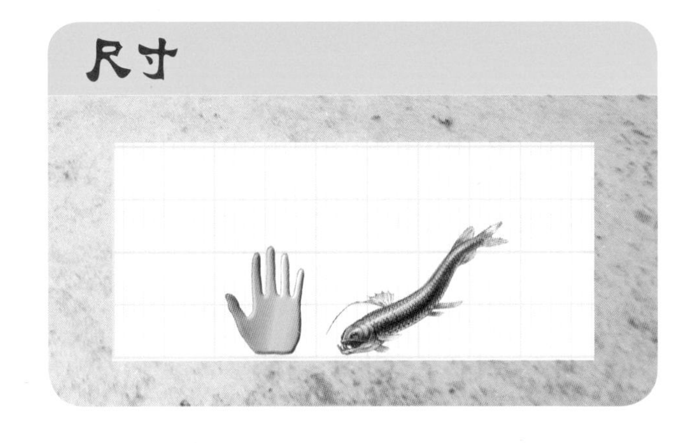

你知道吗？

蝰鱼可以让自己的光一会儿亮一会儿暗，这样做既能把猎物搞得晕头转向，也能给其他的蝰鱼发信号。

蝰鱼的胃可以拉长，这样它就能把自己吞下的大块头猎物储存在胃里了。

它们在哪儿？

每一个大洋里都有蝰鱼。白天，它们待在海底1524米的地方，那里黑极了。晚上呢，它们会游到海底610米的地方，在那里它们会更容易找到食物。

电鳗皮肤上那些麻点就像接收器一样，可以发现其他动物在水里发送出的电流信号。

电鳗的尾巴上有6000个发电器官，这些发电器官同时工作的时候，可以产生高达600伏特的电压！

电鳗的眼睛很小，眼神差极了。而且，它的视力还会随着年龄的增长变得更差。

电鳗每10分钟就必须浮出水面呼吸空气。

其他的鱼儿都没有办法在缺少氧气的水里活下去，但电鳗是个特例，它创造了一个奇迹。如果被踩到的话，电鳗会放出致命的电流。

1 一只貘在河边蹚水而过，3条电鳗受到了惊吓。因为水很浑浊，杂草丛生，电鳗藏在里面，所以貘并没有看见它们。当貘踩到它们中的一条时，3条电鳗一起反击了。

2 电鳗的头部带负电荷，而它的尾巴带的却是正电荷。如果电鳗的脑袋和尾巴同时碰到貘的身体，就会释放出可以致命的电流，穿透貘的身体。

尺寸

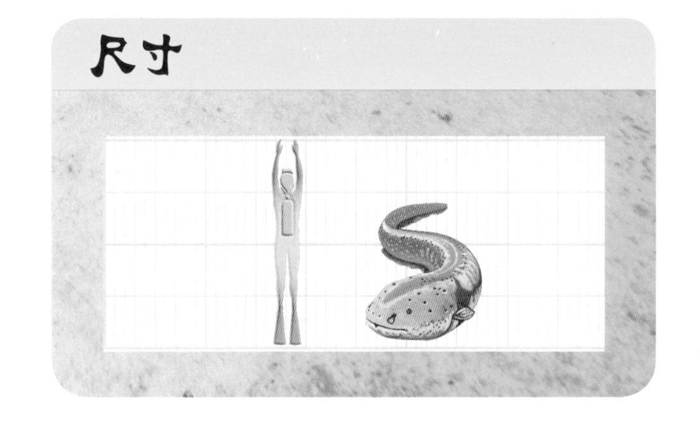

你知道吗？

电鳗发出的电流强度，会随着年龄的增长而变得更强。它可以击昏比它大得多的家伙。

电鳗并不是鳗鱼，它与鲇鱼是近亲。

它们在哪儿？

电鳗原产于海中，是洄游鱼类。它们会溯河到淡水里长大，住在亚马孙盆地的沼泽地，还有河流的支流里。它们把家安在亚马孙河和奥里诺科河，就在平静水面下方的泥地里。

狗鱼身上有7排浅黄色的斑点，这些斑点可以帮助它在水下很好地掩藏自己。

狗鱼的尾巴旁边长着背鳍和臀鳍，这两个鳍可以帮助它进行短距离冲刺，“嗖”地就射出去了。

当狗鱼准备进攻的时候，它会同时划动自己身体下面的鳍，冲啊！

狗鱼的牙齿像刀片一样锋利，而且是朝里长着的，所以被它咬住的猎物根本就不可能逃掉。

饥饿的狗鱼会躲在紧挨着湖边的草堆里，等着猎物的出现。有时候，它甚至会埋伏在那里，袭击比它自己大很多的猎物，并整个吞下。

1 一只宠物狗游进了湖里，想把自己刚刚扔进去的棍子叼回来。但在水面下方，有一条狗鱼躲在那里。

2 狗鱼感觉到了小狗的腿在水里的划动。它把自己的身体扭成了“S”形，然后就像箭一样射了出去，咬住了小狗的后腿。

3 小狗如果不能从狗鱼的嘴里挣脱，就会被拖到水下淹死。

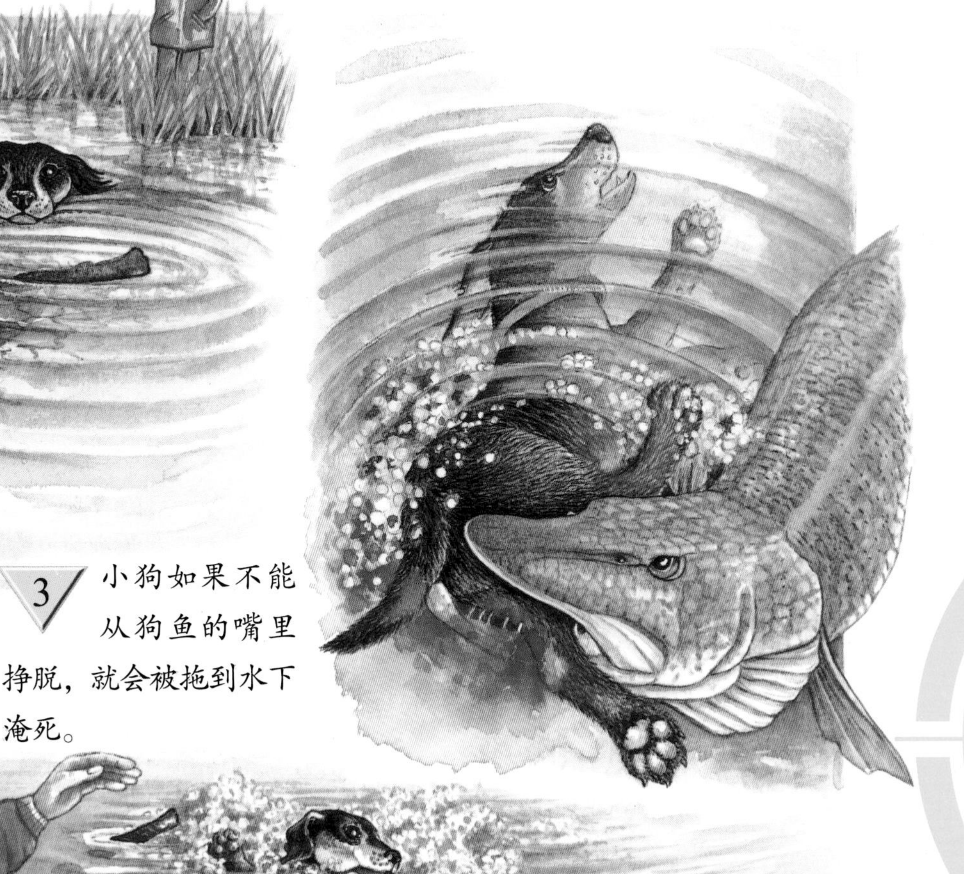

尺寸

你知道吗？

狗鱼的食物非常丰富，有鱼、小的哺乳动物、水鸟、青蛙、昆虫、甲壳动物，还有它的同类。如果没有其他食物，狗鱼还会吃掉自己的孩子。

它们在哪儿？

狗鱼住在河里和湖里。在北半球寒带到温带水草丛生的湖河岸边都发现过狗鱼。

海蛇

海蛇的鼻孔里有一个像小阀门的瓣膜，当它在水底的时候，瓣膜就会闭上，这样水就不会被吸进去。

海蛇的尾巴是扁平的，可以像桨一样推着它在水里穿行。

海蛇也会蜕皮，但它是2～6个星期蜕一次皮，比陆地上的蛇蜕皮的次数要多一些。

海蛇的舌头会轻轻地摆动，它摆动舌头的时候会从身体里释放一些盐分到海里去。原来，海蛇为海水的咸度贡献了力量呀。

虽然被海蛇咬一口并不会马上感觉到痛，但海蛇的毒液可比其他任何一种蛇的毒液都要厉害。不过海蛇通常不会攻击人类。

1 海蛇会在珊瑚丛里搜寻猎物。它把它那窄窄的脑袋伸进缝隙里，寻找鳗鱼或者乌贼。

2 一条鳗鱼藏在珊瑚丛里，它希望自己可以躲开海蛇，不被发现。但是海蛇却迅速地用它的尖牙咬住了鳗鱼的身体。

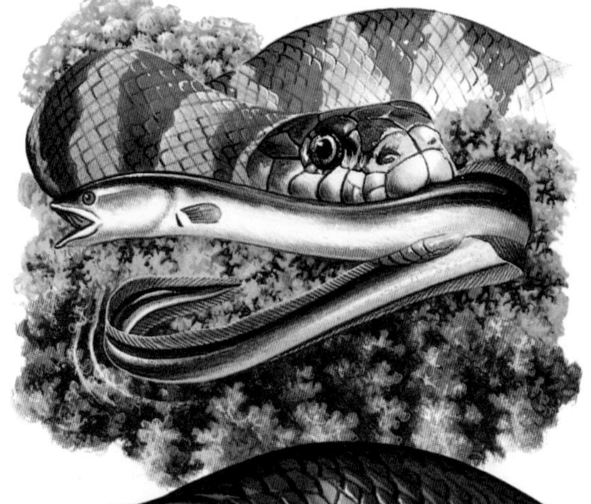

3 海蛇的毒液一下子就把鳗鱼给麻痹得失去了知觉。然后，海蛇把鳗鱼翻转了一下，从脑袋下口整个吞进了肚子。

尺寸

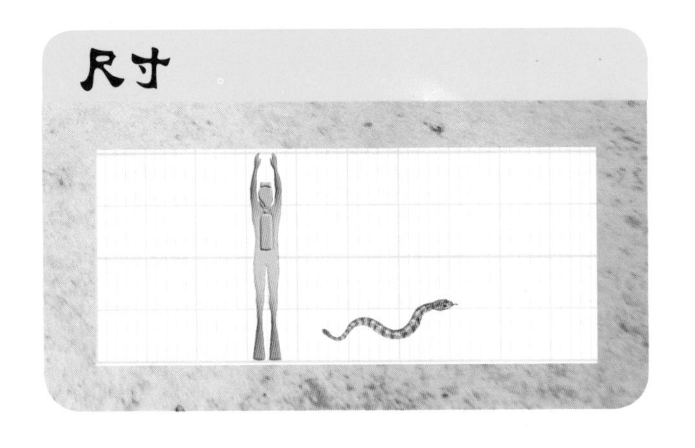

你知道吗？

海蛇的嘴巴可以张得很大，大到能够一口咬住一个人的大腿。那种比它脖子粗2倍还要多的鱼，它也能一口吞下。

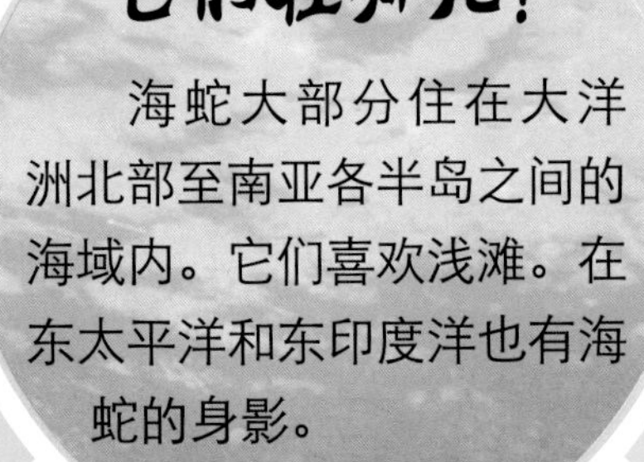

它们在哪儿？

海蛇大部分住在大洋洲北部至南亚各半岛之间的海域内。它们喜欢浅滩。在东太平洋和东印度洋也有海蛇的身影。

虎鱼

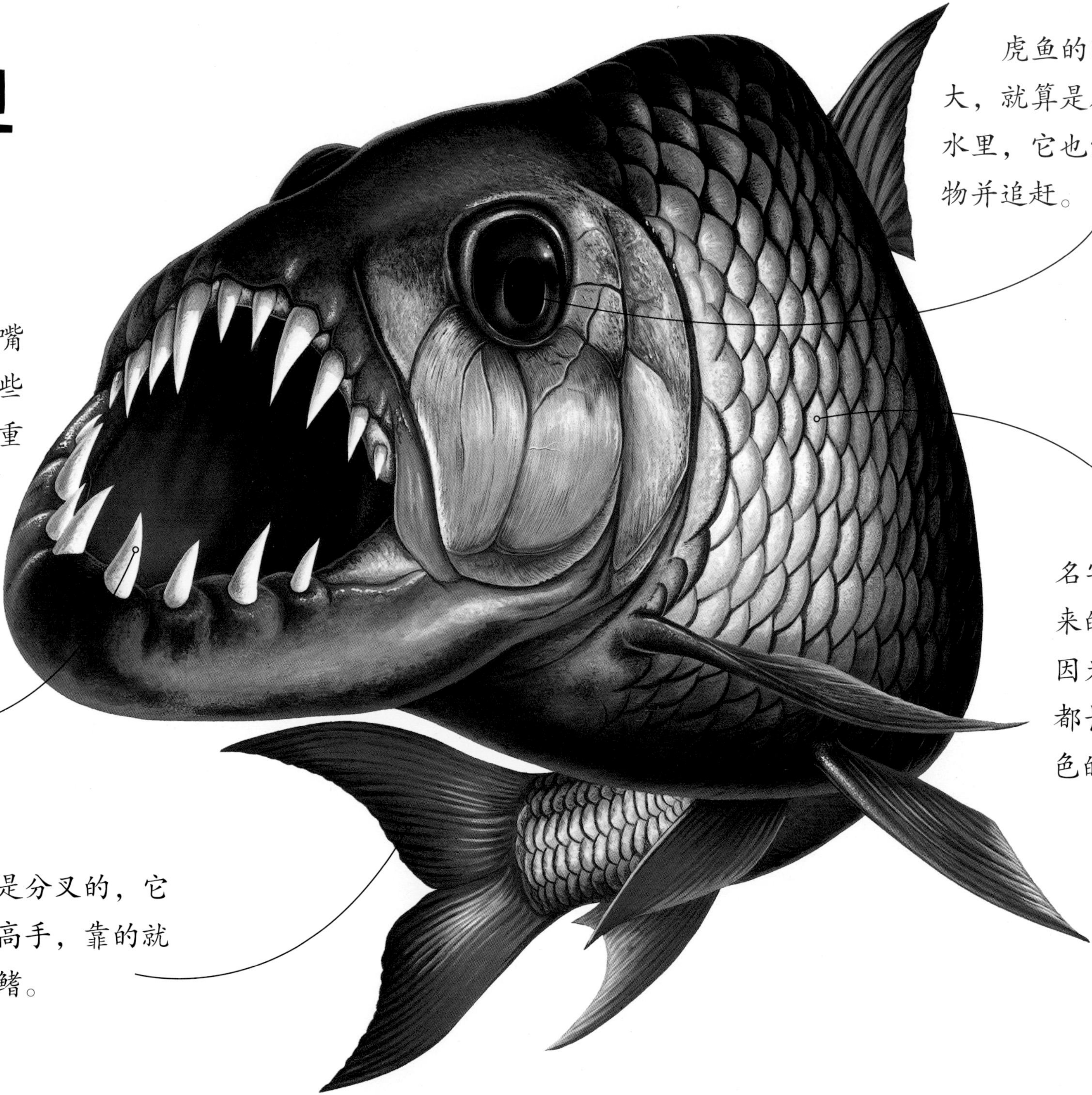

虎鱼的眼睛特别大，就算是在浑浊的水里，它也能看清猎物并追赶。

当虎鱼闭上嘴巴的时候，它那些尖尖的牙齿就会重叠在一起，密密麻麻的。它张开嘴时，那张牙舞爪的样子像老虎一样。

虎鱼的名字是怎么来的？就是因为它全身都长满了黑色的虎纹。

虎鱼的尾鳍是分叉的，它能称得上是游泳高手，靠的就是这个形状的尾鳍。

虎鱼杀气腾腾地在河里和湖里游来游去，四处观察，就是在等待机会对游到身边来的鱼儿或其他猎物下手。

1 一群猴子正在过河，它们在温暖的水中嬉戏，还高兴地玩着水，水花四溅。几条饥饿的虎鱼被吸引了过来。

2 很快，大部分的猴子都到了河对岸，但是队伍最后的那只猴子，动作实在太慢了。虎鱼朝它扑了上去，咬下一大块肉。看着虎鱼攻击自己的同伴，其余的猴子一点忙都帮不上。那只被咬的猴子反抗着，痛苦地尖叫着，最后，虎鱼用它那尖尖的锥子一样的牙齿，结束了猴子的生命。

尺寸

你知道吗？

虎鱼的牙齿会在同一时间全部脱落。但用不了几天，它就会长出新的牙齿来。

别说“虎毒不食子”，虎鱼找不到猎物时，也会把自己的孩子当作食物吃掉。

它们在哪儿？

虎鱼住在印度一西太平洋暖水区域及非洲南部、中部和西部的大河和大湖里。它们也会把家安在宽阔的尼罗河。

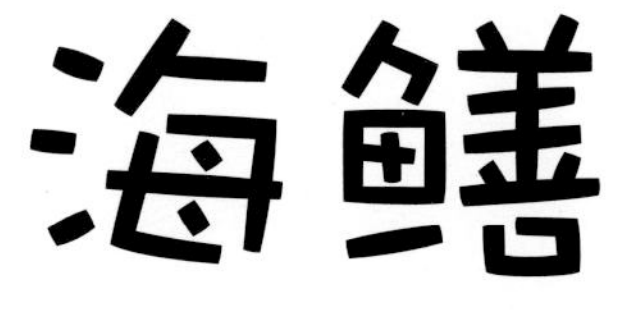

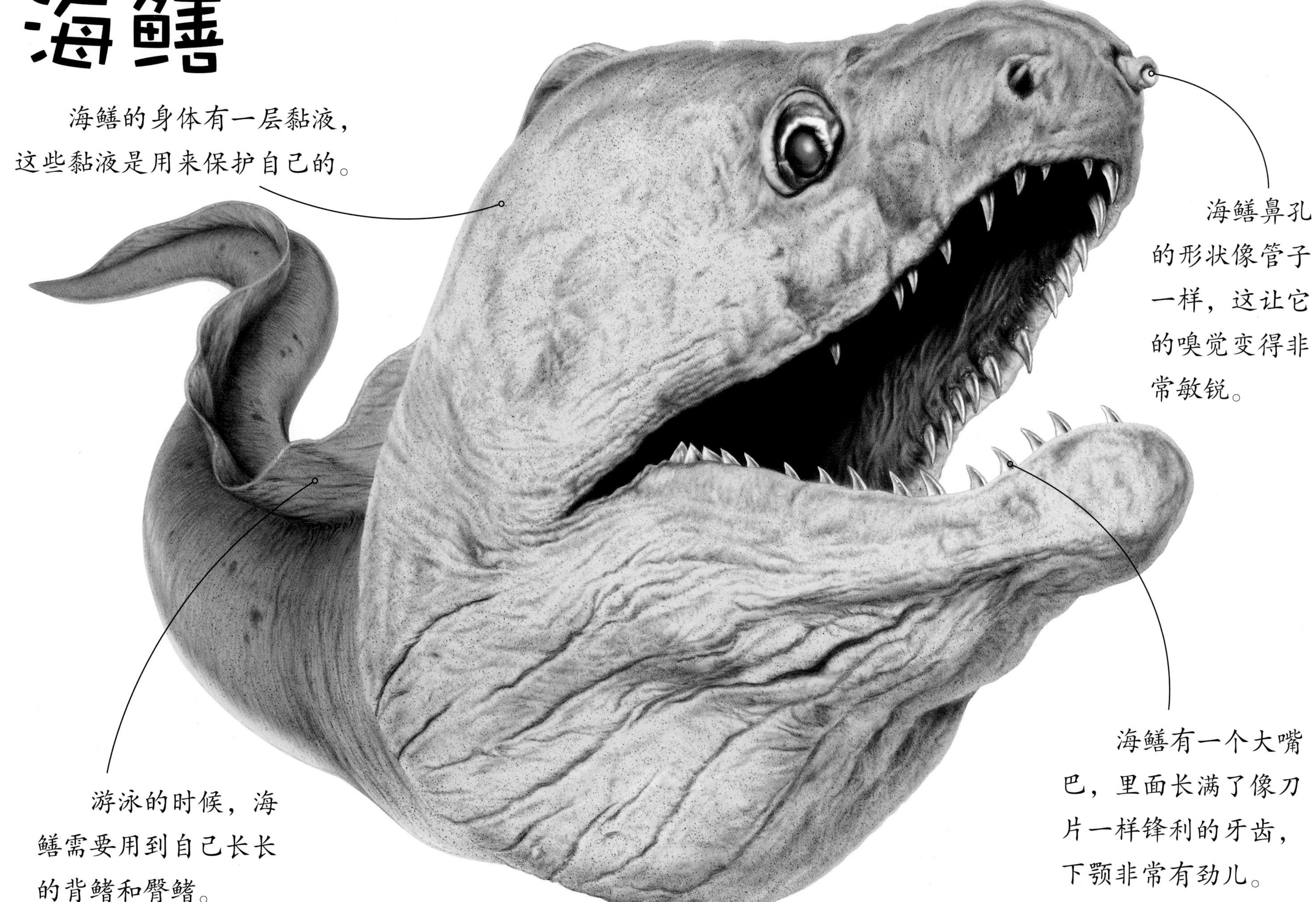

海鳝的身体有一层黏液，这些黏液是用来保护自己的。

海鳝鼻孔的形状像管子一样，这让它的嗅觉变得非常敏锐。

游泳的时候，海鳝需要用到自己长长的背鳍和臀鳍。

海鳝有一个大嘴巴，里面长满了像刀片一样锋利的牙齿，下颚非常有劲儿。

晚上，海鳝藏在自己的洞穴里，只把嘴巴张得大大的露在外面。它白天才出去活动，寻找食物。

1 海鳝闻到了一只章鱼的味道，它就藏在一块礁石那儿。海鳝用尖牙一口咬住章鱼的触须，把它拖了出来。

2 章鱼也发起了反击，它缠住了海鳝。但海鳝把自己打了一个结，这样它就能更加牢固地抓住章鱼的触须了。

3 只见海鳝一口咬断了章鱼的触须，然后顺利摆脱了章鱼的缠绕。

尺寸

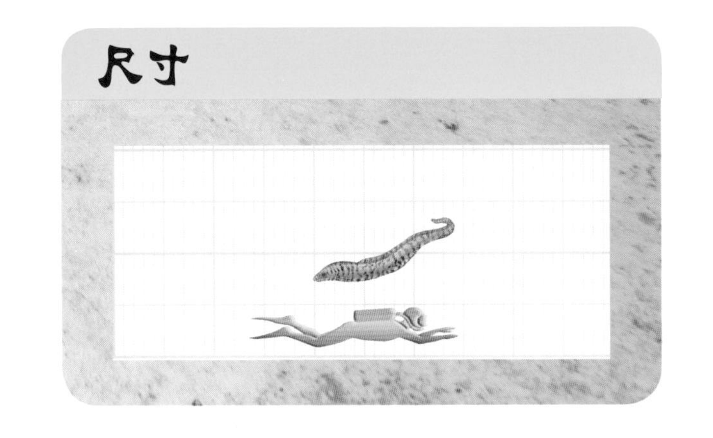

你知道吗？

当海鳝挤压鳃的时候会像水泵一样，它们的嘴在水里不停地一张一闭。

它们在哪儿？

在世界各地的海洋里，都能看见海鳝，它们在岩石区和珊瑚礁旁边的裂缝里活动。它们喜欢待在浅水区，因为在那里它们可以捕捉鱼、甲壳动物，还有章鱼。

水虎鱼的尾鳍非常强壮，这让它在进攻的时候速度很快，而且超级有劲儿。

水虎鱼的大鼻孔，让它的鼻子超级灵敏，嗅觉非常敏锐。

水虎鱼的侧线可以感应到其他鱼儿的动静。但它感应的是什么呢？就是那些鱼儿传递的电波啊。

水虎鱼的嘴巴短而有劲儿，里面排满了尖尖的三角形的牙齿。

水虎鱼又叫作食人鱼，它们的食物通常是鱼类。但是，如果不能找到自己日常吃的食物，饿坏了的它们就会袭击那些大型动物，还有人类，甚至是它们的同伴。

1 一只受伤的水豚走到一个浅水滩，想喝点水。可是，鲜血的气味，还有它搅起水产生的动静，引来了一群水虎鱼。一条水虎鱼第一个扑了上去，咬住水豚的腿。

2 水豚已经很虚弱了。它发起反抗，但这时，其余的水虎鱼也冲了上来，开始撕咬它。它们撕破了它的皮和肉。几分钟的工夫，水虎鱼就把它撕得只剩光秃秃的骨头了。

尺寸

你知道吗？

一条水虎鱼可以撕碎猎物身上16立方厘米的肉。所以，如果有20条水虎鱼的话，就能看见一场疯狂的抢食大战，在这一点上它们可是出了名的。

它们在哪儿？

水虎鱼住在亚马孙河，还有南非其他大型的、水流缓慢的河流里。从哥伦比亚到阿根廷北部的航道，都有它们的踪迹。

梭鱼

梭鱼的身体很长，而且很灵活，它可以很轻松地在迷宫一样的礁石间穿来穿去。

梭鱼从上到下都能伪装得很好，凭借的就是自己那棕色的后背和银色的肚皮。

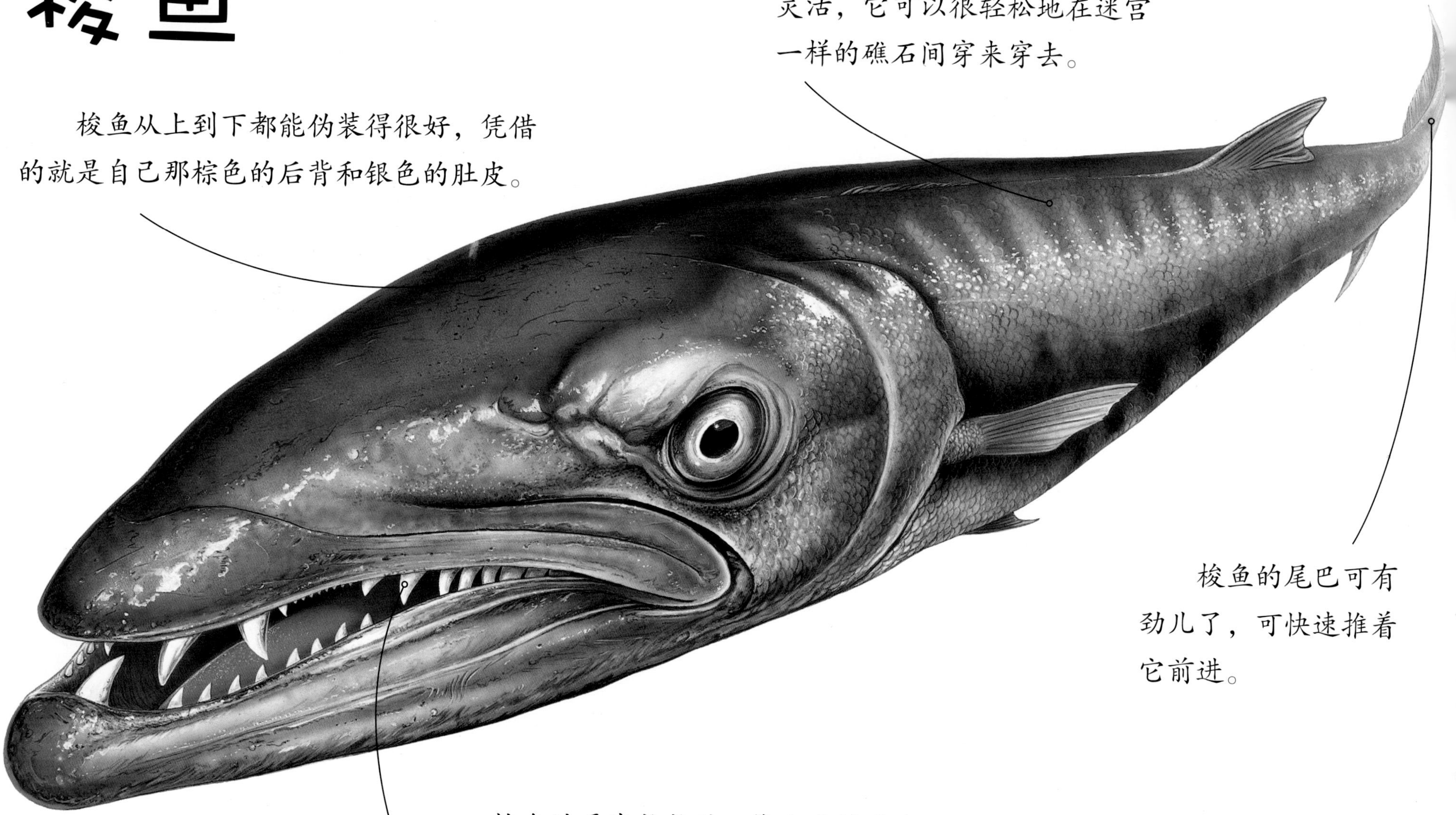

梭鱼的尾巴可有劲儿了，可快速推着它前进。

梭鱼的牙齿长长的，像小狗的牙齿一样。这些尖尖的、小小的牙齿，能帮它抓住猎物，并把猎物的肉切成碎片。

因为有着像匕首一样的牙齿，还有凶神恶煞的长相，以及满身的条纹，所以梭鱼有一个名称，叫“大海里的老虎”。如果梭鱼成群结队地出来捕猎，那可算得上是一个致命的小团体，那情形就像恶霸巡街似的。

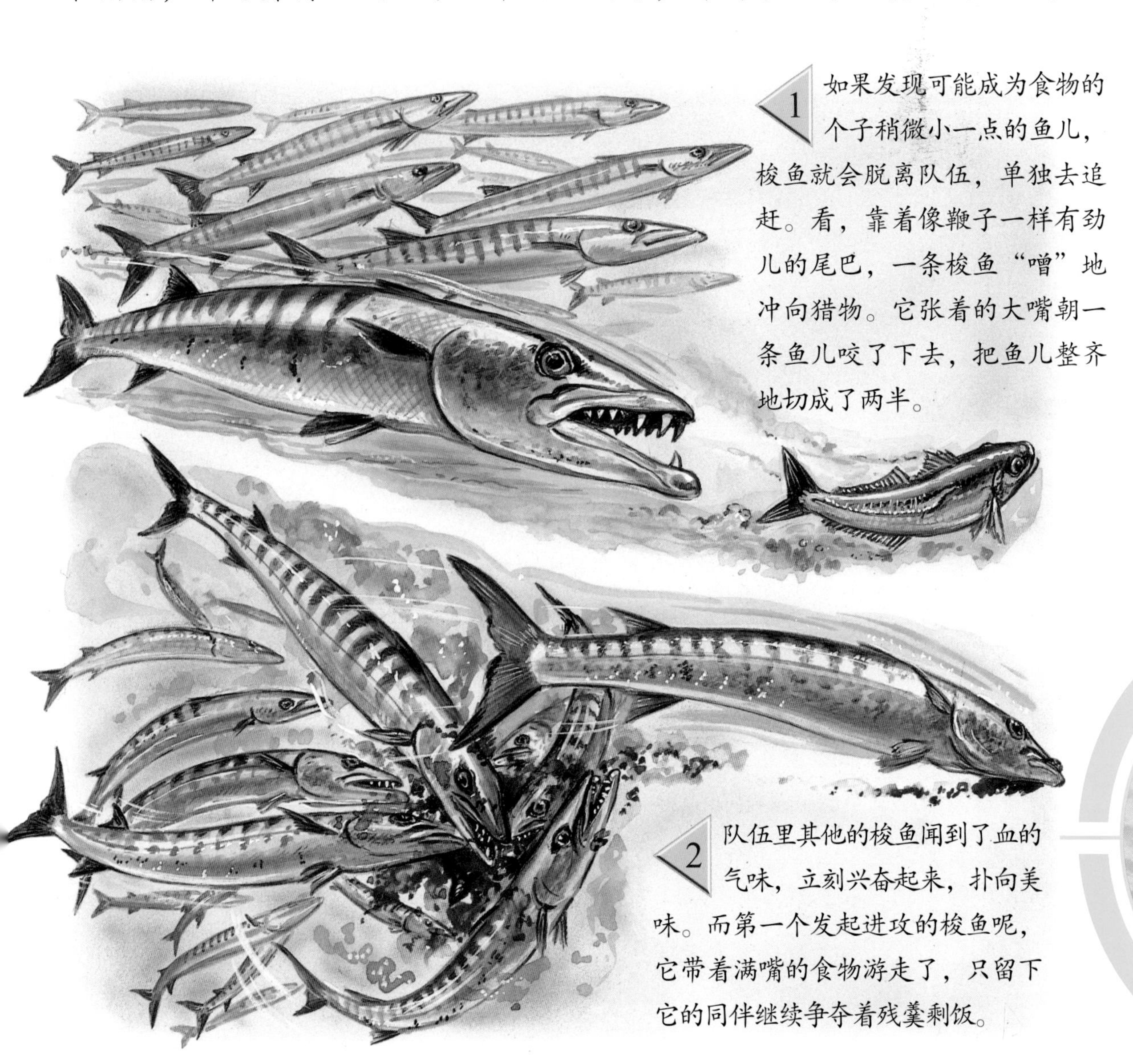

1 如果发现可能成为食物的个子稍微小一点的鱼儿，梭鱼就会脱离队伍，单独去追赶。看，靠着像鞭子一样有劲儿的尾巴，一条梭鱼“噌”地冲向猎物。它张着的大嘴朝一条鱼儿咬了下去，把鱼儿整齐地切成了两半。

2 队伍里其他的梭鱼闻到了血的气味，立刻兴奋起来，扑向美味。而第一个发起进攻的梭鱼呢，它带着满嘴的食物游走了，只留下它的同伴继续争夺着残羹剩饭。

尺寸

你知道吗？

梭鱼其实是个好奇的家伙。它常常会被因为反射而发光的东西吸引，比如珠宝，或氧气筒。如果梭鱼攻击了人类，那一定是它把人类发光的潜水装置误认为是鱼儿了。

它们在哪儿？

梭鱼住在热带和亚热带的近海里，它们把家安在珊瑚礁里。它们最深可以到达海底100米的地方寻找食物。

电鳐

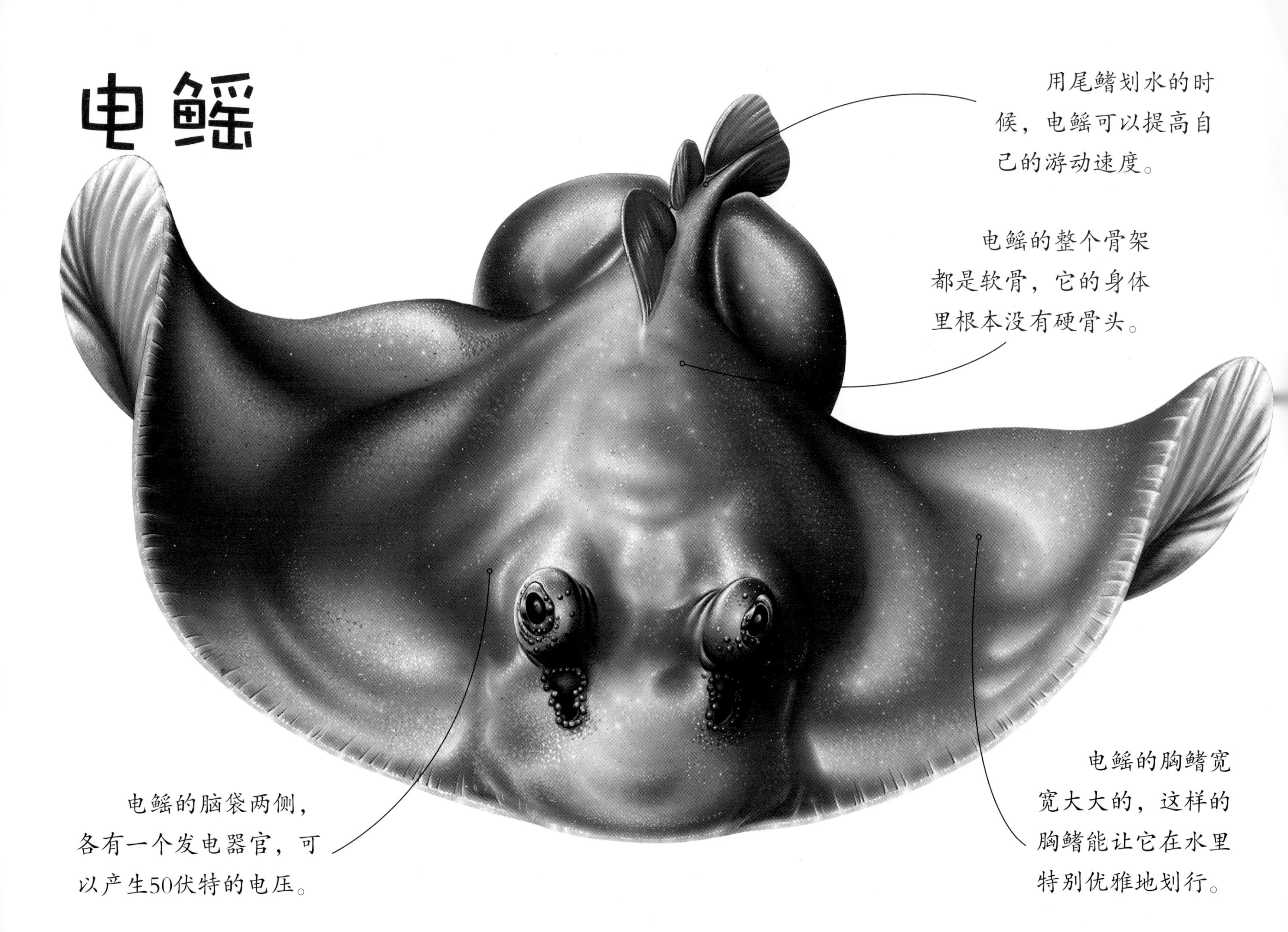
用尾鳍划水的时候，电鳐可以提高自己的游动速度。
电鳐的整个骨架都是软骨，它的身体里根本没有硬骨头。
电鳐的脑袋两侧，各有一个发电器官，可以产生50伏特的电压。
电鳐的胸鳍宽宽大大的，这样的胸鳍能让它在水里特别优雅地划行。

电鳐躲在海底的沙子里时，只露出眼睛，这简直是完美的攻击猎物的位置。如果它感觉到自己被袭击了，就会释放出电流。

1 看，一个女人在海里蹚着水，她一脚踩在了一条电鳐身上。电鳐立刻就放出了一阵电流。

2 女人因为受到巨大的惊吓，脚底一滑，晕了过去。这时，电鳐赶紧游走了，一边游还一边朝身后释放更多的电流，阻拦它认为的“袭击者”靠近。但估计这会儿，那个女人已经挣扎着回到岸上了。

尺寸

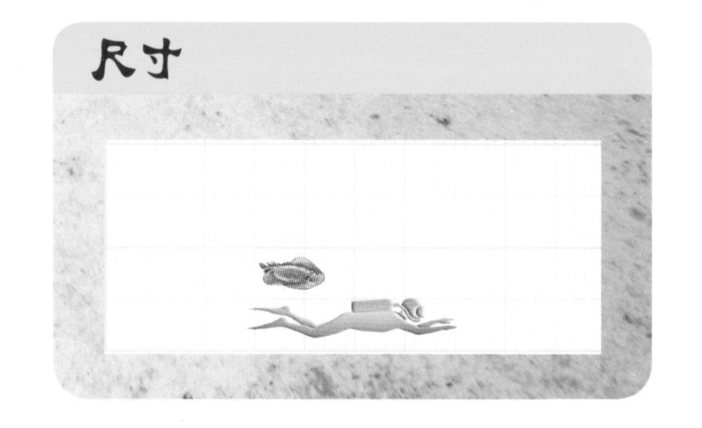

你知道吗？

电鳐的眼神可差了。它在晚上捕食的时候，先是寻找猎物发出的微弱的电磁场，然后依靠自己的感觉和电流，把躲在沙子下面的猎物找出来。

它们在哪儿？

电鳐会把自己藏在礁石和海草床附近的沙地里。几乎在热带和亚热带的每一片海域的海岸边，都可以找到电鳐。

黄貂鱼的胸鳍又宽又平，它可以用这胸鳍把埋在沙子里的食物给翻出来。

黄貂鱼有一个长长的、有毒的锯齿状倒钩刺，这个“钩子”是保护它的神器呀！

黄貂鱼的两只眼睛后面各有一个小孔，水通过这两个孔被吸入，再经过它的鳃。

黄貂鱼的皮肤是茶绿色的，而且还有很多斑点，这些都可以帮助它很好地隐藏在海底。

黄貂鱼其实是很温柔的，但要是被激怒了，也会表现出令人惊讶的防御能力。如果被攻击，它就会用自己有毒的、带钩子的尾巴鞭打回击它的敌人。

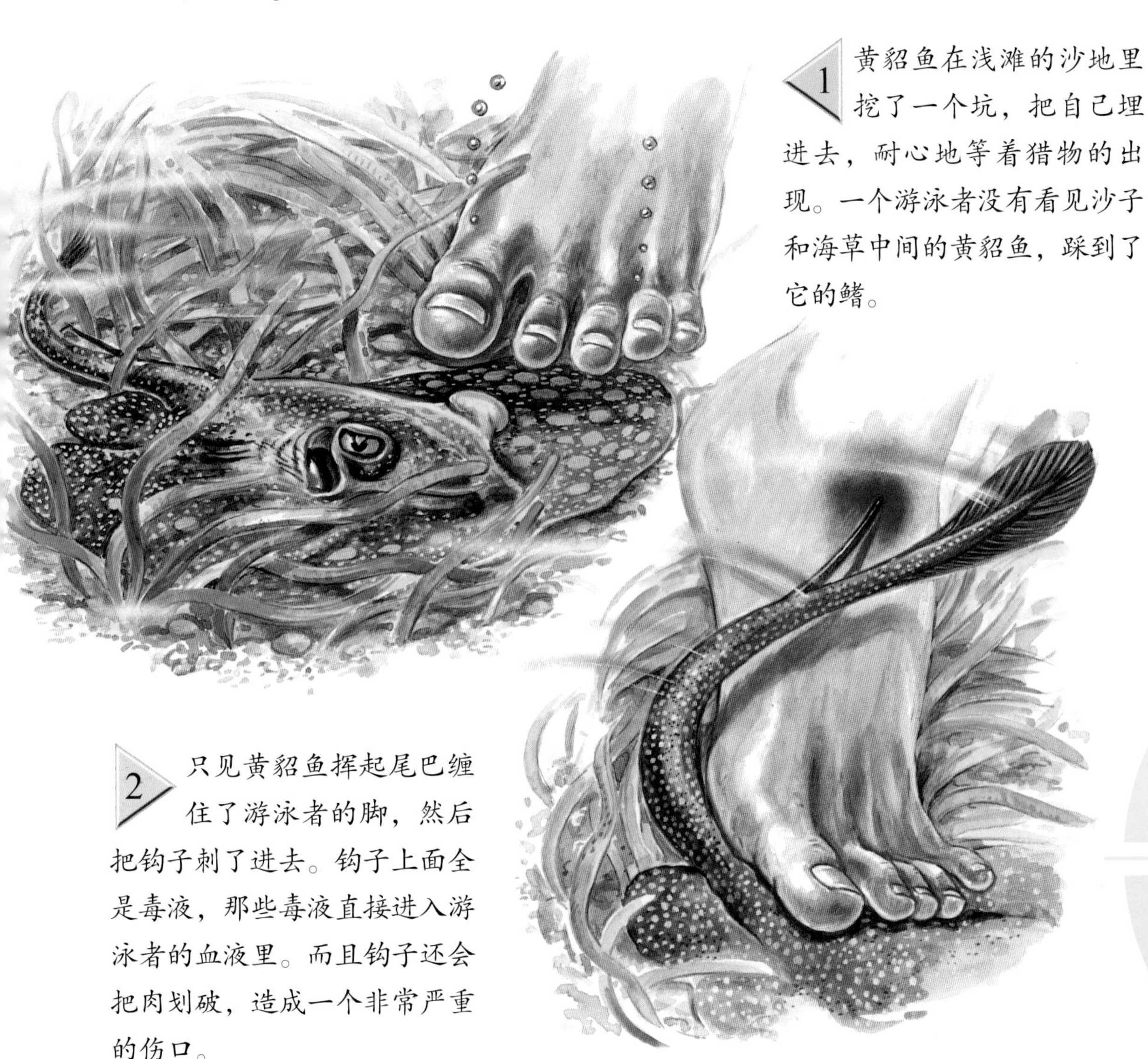

1 黄貂鱼在浅滩的沙地里挖了一个坑，把自己埋进去，耐心地等着猎物的出现。一个游泳者没有看见沙子和海草中间的黄貂鱼，踩到了它的鳍。

2 只见黄貂鱼挥起尾巴缠住了游泳者的脚，然后把钩子刺了进去。钩子上面全是毒液，那些毒液直接进入游泳者的血液里。而且钩子还会把肉划破，造成一个非常严重的伤口。

尺寸

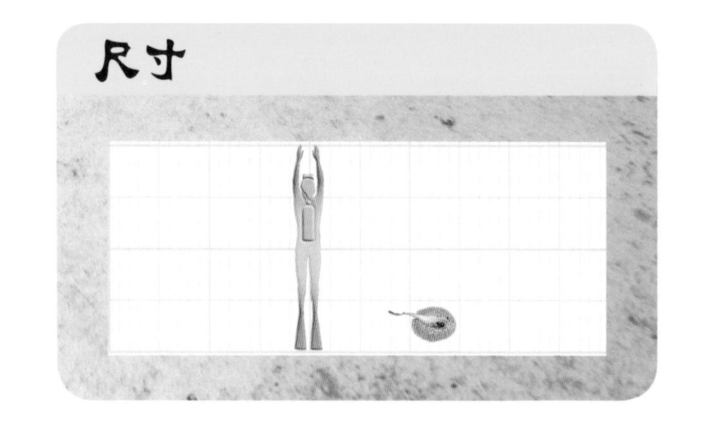

你知道吗？

黄貂鱼从根本上来说就是扁平的鲨鱼。为什么这么说呢？因为鲨鱼和黄貂鱼的身体里都只有软骨。这个共同的特点，让它们可以称得上是表兄弟了。

它们在哪儿？

黄貂鱼喜欢待在海湾、海峡、水湾这些地方的浅滩里，然后把自己埋在海底的沙子或者泥里面。只要是暖和的大海里，都可以见到黄貂鱼。

　　旗鱼有一种特殊的肌肉，可以在冰冷的水里给它的眼睛取暖，从而提高它的视力。

　　旗鱼长长的、扁平的吻部，其实就是一个超级大武器。

　　旗鱼没有牙齿，所以它抓住猎物后只能整个吞下去。

　　旗鱼在水里可以游得非常快，这全靠它有一条超级有劲儿的尾巴。